SUKEN NOTEBOOK

JN096036

チャート式
基礎と演習　数学Ⅰ

基本・標準例題完成ノート

【数と式，集合と命題】

本書は，数研出版発行の参考書「チャート式 基礎と演習　数学Ⅰ＋Ａ」の
　数学Ⅰの　第1章「式の計算」，第2章「実数，1次不等式」，第3章「集合と命題」
の基本例題，標準例題とそれに対応した TRAINING を掲載した，書き込み式ノートです。
　本書を仕上げていくことで，自然に実力を身につけることができます。

目　次

211202

1 多項式の加法と減法

基本 例題 1　次の単項式の次数と係数をいえ。また，[　]内の文字に着目するとき，その次数と係数をいえ。

(1) $2abx^2$ $[x]$

(2) $-7xy^2z^3$ $[y]$, $[y \ と \ z]$

TR (基本) 1　次の単項式の次数と係数をいえ。また，[　]内の文字に着目するとき，その次数と係数をいえ。

(1) $2ax^2$ $[a]$

(2) $-\dfrac{1}{3}ab^7x^2y^7$ $[y]$, $[a \ と \ b]$

基本 例題 2　(1)　多項式 $1+2x+3x^4-x^2$ は何次式か。

(2)　$a^4+3a^2b+2ab^2-1$ は次の文字に着目すると何次式か。また，そのときの定数項は何か。

　(ア)　a　　　　　　　　　　　　　　　(イ)　b

　(ウ)　a と b

TR (基本) 2　(1)　多項式 $5a^2-2-4a^5-3a^3+a$ は何次式か。

(2)　$6x^2-7xy+2y^2-6x+5y-12$ は次の文字に着目すると何次式か。また，そのときの定数項は何か。

　(ア)　x　　　　　　　　　　　　　　　(イ)　y

4

（ウ）　x と y

基本 例題 3　次の式を，x について降べきの順に整理せよ。

(1)　$x^3 - 3x + 2 - 2x^2$

(2)　$ax - 1 + a + 2x^2 + x$

(3)　$3x^2 + 2xy + 4y^2 - x - 2y + 1$

TR (基本) 3　次の (1), (2) は x について，(3) は a について降べきの順に整理せよ。

(1)　$-3x^2 + 12x - 17 + 10x^2 - 8x$

(2) $-2ax+x^2-a+bx$

(3) $2a^2-3b^2-8ab+5b^2-3a^2-6ab+4a+2b-5$

基本 例題 4　次の計算をせよ。

(1) $(5x^3+3x-2x^2-4)+(3x^3-3x^2+5)$

(2) $(2x^2-7xy+3y^2)-(3x^2+2xy-y^2)$

TR (基本) **4** 次の多項式 A, B について，$A+B$ と $A-B$ をそれぞれ計算せよ。

(1) $A=7x-5y+17$, $B=6x+13y-5$

(2) $A=7x^3-3x^2-16$, $B=7x^2+4x-3x^3$

(3) $A = 3a^2 - ab + 2b^2$, $B = -2a^2 - ab + 7b^2$

(4) $A = 8x^2y - 18xy^2 - 7xy + 3y^2$, $B = 2x^2y - 9xy^2 - 15xy - 6y^2$

標 準 例題 5　$P=-2x^2+x+3$,　$Q=3x^2-x+2$,　$R=x^2-x+5$ であるとき，次の式を計算せよ。

(1)　$P-2Q$

(2)　$3P-\{Q+2(P-R)\}$

TR (標準) 5　$A=2x+y+z$,　$B=x+2y+2z$,　$C=x-2y-3z$ であるとき，次の式を計算せよ。

(1)　$3A-2C$

(2)　$A-2(B-C)-3C$

② 多項式の乗法

基本 例題 6

➡ 白チャートI+A *p.* 22 STEP forward

次の計算をせよ。

(1) $2a \times (a^3)^2$

(2) $3a^2b \times (-5ab^3)$

(3) $(-2x^2y)^2 \times (-3x^3y^2)^3$

TR (基本) **6**　次の計算をせよ。

(1) $x^2 \times x^5$

(2) $(x^5)^2$

(3) $(-x^2yz)^4$

(4) $(-2ab^2x^3)^3 \times (-3a^2b)^2$

(5) $(-xy^2)^2 \times (-2x^3y) \times 3xy$

基本 例題 7 次の式を展開せよ。

(1) $2abc(a-3b+2c)$

(2) $(2a+3b)(a-2b)$

(3) $(3-x^2)(2x^2-x+6)$

TR (基本) 7 次の式を展開せよ。

(1) $12a^2b\left(\dfrac{a^2}{3} - \dfrac{ab}{6} - \dfrac{b^2}{4}\right)$

(2) $(3a-4)(2a-5)$

(3)　$(3x+2x^2-4)(x^2-5-3x)$

(4)　$(x^3-3x^2-2x+1)(x^2-3)$

基本 例題 8　次の式を展開せよ。

(1)　$(2x+1)^2$

(2)　$(3x-2y)^2$

(3)　$(2x-3y)(3y+2x)$

(4)　$(x-4)(x+2)$

(5)　$(4x-7)(2x+5)$

TR (基本) **8** 次の式を展開せよ。

(1) $(3a+2)^2$

(2) $(5x-2y)^2$

(3) $(4x+3)(4x-3)$

(4) $(-2b-a)(a-2b)$

(5) $(x+6)(x+7)$

(6) $(2t-3)(2t-5)$

(7) $(4x+1)(3x-2)$

(8) $(2a+3b)(3a+5b)$

(9) $(7x-3)(-2x+3)$

基本 例題 9

次の式を展開せよ。

(1) $(x-2y+1)(x-2y-2)$

(2) $(a+b+c)^2$

(3) $(x^2+x-1)(x^2-x+1)$

TR (基本) **9** 次の式を展開せよ。

(1) $(3a-b+2)(3a-b-1)$

(2) $(x-2y+3z)^2$

(3) $(a+b-3c)(a-b+3c)$

(4) $(x^2+2x+2)(x^2-2x+2)$

基 本 例題 10 次の式を展開せよ。

(1) $(3a+1)^2(3a-1)^2$

(2) $(4x^2+y^2)(2x+y)(2x-y)$

TR (基本) **10** 次の式を展開せよ。

(1) $(2a+b)^2(2a-b)^2$

(2) $(x^2+9)(x+3)(x-3)$

(3) $(x-y)^2(x+y)^2(x^2+y^2)^2$

③ 因 数 分 解

基本 例題 11　次の式を因数分解せよ。

(1)　$x^2 y - x y^2$

(2)　$6a^2 b - 9ab^2 + 3ab$

(3)　$(a+b)x - (a+b)y$

(4)　$(a-b)^2 + c(b-a)$

TR (基本) **11**　次の式を因数分解せよ。

(1)　$2ab - 3bc$

(2)　$x^2 y - 3xy^2$

(3)　$9a^3 b + 15a^2 b^2 - 3a^2 b$

(4)　$a(x-2) - (x-2)$

(5)　$(a-b)x^2 + (b-a)xy$

基 本 例題 12　次の式を因数分解せよ。

(1) $x^2 + 8x + 16$

(2) $25x^2 + 30xy + 9y^2$

(3) $9a^2 - 24ab + 16b^2$

(4) $18a^3 - 48a^2 + 32a$

(5) $16a^2 - 81b^2$

(6) $-3a^3 + 27ab^2$

TR (基本) **12**　次の式を因数分解せよ。

(1)　$x^2 + 2x + 1$

(2)　$4x^2 + 4xy + y^2$

(3)　$x^2 - 10x + 25$

(4)　$9a^2 - 12ab + 4b^2$

(5)　$x^2 - 49$

(6)　$8a^2 - 50$

(7)　$16x^2 + 24xy + 9y^2$

(8)　$8ax^2 - 40ax + 50a$

(9)　$5a^3 - 20ab^2$

基本 例題 13　次の式を因数分解せよ。

(1)　$x^2 + 8x + 15$

(2)　$x^2 - 13x + 36$

(3)　$x^2 + 2x - 24$

(4)　$x^2 - 4xy - 12y^2$

TR (基本) **13**　次の式を因数分解せよ。

(1)　$x^2 + 14x + 24$

(2)　$a^2 - 17a + 72$

(3)　$x^2 + 4xy - 32y^2$

(4)　$x^2 - 6x - 16$

(5)　$a^2 + 3ab - 18b^2$

(6)　$x^2 - 7xy - 18y^2$

基本 例題 14

□ ▷ 解説動画

次の式を因数分解せよ。

(1) $2x^2+7x+6$

(2) $6x^2+5x-6$

TR (基本) **14** 次の式を因数分解せよ。

(1) $6x^2+13x+6$

(2) $3a^2-11a+6$

(3) $12x^2+5x-2$

(4) $6x^2-5x-4$

(5) $4x^2-4x-15$

(6) $6a^2+17ab+12b^2$

(7) $6x^2+5xy-21y^2$

(8) $12x^2-8xy-15y^2$

(9) $4x^2-3xy-27y^2$

標準 例題 15 次の式を因数分解せよ。

(1) $(x+y)^2 - 10(x+y) + 25$

(2) $2(x-3)^2 + (x-3) - 3$

(3) $(x^2 + 2x + 1) - a^2$

(4) $4x^2 - y^2 + 6y - 9$

TR (標準) 15 次の式を因数分解せよ。

(1) $(x+2)^2 - 5(x+2) - 14$

(2) $16(x+1)^2 - 8(x+1) + 1$

(3) $2(x+y)^2 - 7(x+y) + 6$

(4) $4x^2 + 4x + 1 - y^2$

(5) $25x^2 - a^2 + 8a - 16$

(6) $(x+y+9)^2 - 81$

標 準 例題 16 次の式を因数分解せよ。

(1) $a^4 - b^4$

(2) $x^4 - 13x^2 + 36$

TR (標準) **16** 次の式を因数分解せよ。

(1) $x^4 - 81$

(2) $16a^4 - b^4$

(3) $x^4 - 5x^2 + 4$

(4) $4x^4 - 15x^2y^2 - 4y^4$

標 準 例題 17 次の式を因数分解せよ。

(1) $a^2b + b^2c - b^3 - a^2c$

(2) $1 + 2ab + a + 2b$

TR (標準) 17 次の式を因数分解せよ。

(1) $ab + a + b + 1$

(2) $x^2 + xy + 2x + y + 1$

(3) $2ab^2 - 3ab - 2a + b - 2$

(4) $x^3 + (a-2)x^2 - (2a+3)x - 3a$

28

標 準 例題 18

➡ 白チャートI＋A $p.39$ ズームUP－review－

次の式を因数分解せよ。

(1)　$x^2 + 3xy + 2y^2 - 5x - 7y + 6$

(2)　$2x^2 - 5xy - 3y^2 - x + 10y - 3$

TR (標準) **18**　次の式を因数分解せよ。

(1)　$x^2 + 4xy + 3y^2 + 2x + 4y + 1$

(2) $x^2 - 2xy + 4x + y^2 - 4y + 3$

(3) $2x^2 + 3xy + y^2 + 3x + y - 2$

(4) $3x^2 + 5xy - 2y^2 - x + 5y - 2$

4 実 数

基本 例題 26 (1) 循環小数 $1.\dot{5}$, $0.\dot{6}\dot{3}$ をそれぞれ分数で表せ。

(2) $\dfrac{30}{7}$ を小数で表したとき，小数第 100 位の数字を求めよ。

TR (基本) 26 (1) 循環小数 $0.\dot{2}$, $1.\dot{2}\dot{1}$, $0.1\dot{3}$ をそれぞれ分数で表せ。

(2) (ア) $\dfrac{5}{37}$ (イ) $\dfrac{1}{26}$ を小数で表したとき，小数第 200 位の数字を求めよ。

5　根号を含む式の計算

基 本 例題 27　(1)　次の ① 〜 ④ のうち，正しいものをすべて選べ。

　　① 7 の平方根は $\pm\sqrt{7}$ である。　　② 7 の平方根は $\sqrt{7}$ のみである。

　　③ $\sqrt{\dfrac{9}{16}} = \pm\dfrac{3}{4}$ である。　　④ $\sqrt{\dfrac{9}{16}} = \dfrac{3}{4}$ である。

(2)　$(\sqrt{13})^2,\quad (-\sqrt{13})^2,\quad \sqrt{5^2},\quad \sqrt{(-5)^2}$ の値をそれぞれ求めよ。

TR (基本) **27**　(1)　次の ① 〜 ④ のうち，正しいものをすべて選べ。

　　① $\sqrt{0.25} = \pm 0.5$ である。　　② $\sqrt{0.25} = 0.5$ である。

　　③ $\dfrac{49}{64}$ の平方根は $\pm\dfrac{7}{8}$ である。　　④ $\dfrac{49}{64}$ の平方根は $\dfrac{7}{8}$ のみである。

(2)　$(\sqrt{3})^2,\ \left(-\sqrt{\dfrac{3}{2}}\right)^2,\ \sqrt{(-7)^2},\ -\sqrt{(-9)^2}$ の値をそれぞれ求めよ。

基本 例題 28 次の式を計算せよ。

(1) $6\sqrt{2} - 8\sqrt{2} + 3\sqrt{2}$

(2) $\sqrt{48} - \sqrt{27} + \sqrt{8} - \sqrt{2}$

(3) $(\sqrt{5} + \sqrt{2})^2$

(4) $(3\sqrt{2} + 2\sqrt{3})(3\sqrt{2} - 2\sqrt{3})$

TR (基本) 28 次の式を計算せよ。

(1) $3\sqrt{3} - 6\sqrt{3} + 5\sqrt{3}$

(2) $2\sqrt{50} - 5\sqrt{18} + 3\sqrt{32}$

(3) $\sqrt{2}(\sqrt{3}+\sqrt{50})-\sqrt{3}(1-\sqrt{75})$

(4) $(\sqrt{3}+\sqrt{5})^2$

(5) $(3\sqrt{2}-\sqrt{3})^2$

(6) $(4+2\sqrt{3})(4-2\sqrt{3})$

(7) $(\sqrt{20}+\sqrt{3})(\sqrt{5}-\sqrt{27})$

(8) $(\sqrt{6}+2)(\sqrt{3}-\sqrt{2})$

基本 例題 29

次の式の分母を有理化せよ。

(1) $\dfrac{\sqrt{2}}{\sqrt{3}}$

(2) $\dfrac{2}{\sqrt{12}}$

(3) $\dfrac{1}{\sqrt{5}+\sqrt{3}}$

(4) $\dfrac{\sqrt{5}}{2-\sqrt{5}}$

TR (基本) 29　次の式の分母を有理化せよ。

(1) $\dfrac{10}{\sqrt{5}}$

(2) $\dfrac{\sqrt{9}}{\sqrt{8}}$

(3) $\dfrac{1}{\sqrt{2}+1}$

(4) $\dfrac{2+\sqrt{3}}{2-\sqrt{3}}$

標 準 例題 30 次の式を計算せよ。

(1) $\dfrac{3\sqrt{3}}{\sqrt{2}} + \dfrac{\sqrt{2}}{2\sqrt{3}}$

(2) $\dfrac{1}{1+\sqrt{2}} + \dfrac{1}{\sqrt{2}+\sqrt{3}}$

TR (標準) **30** 次の式を計算せよ。

(1) $\dfrac{3\sqrt{2}}{2\sqrt{3}} - \dfrac{\sqrt{3}}{3\sqrt{2}} + \dfrac{1}{2\sqrt{6}}$

(2) $\dfrac{8}{3-\sqrt{5}} - \dfrac{2}{2+\sqrt{5}}$

(3) $\dfrac{\sqrt{5}}{\sqrt{3}+1} - \dfrac{\sqrt{3}}{\sqrt{5}+\sqrt{3}}$

(4) $\dfrac{\sqrt{3}-\sqrt{2}}{\sqrt{3}+\sqrt{2}} + \dfrac{\sqrt{3}+\sqrt{2}}{\sqrt{3}-\sqrt{2}}$

36

標 準 例題 31 $x=\dfrac{\sqrt{2}+1}{\sqrt{2}-1}$, $y=\dfrac{\sqrt{2}-1}{\sqrt{2}+1}$ のとき，次の式の値を求めよ。

(1) $x+y$, xy (2) x^2+y^2

(3) $x^4y^2+x^2y^4$ (4) x^3+y^3

TR (標準) 31 $x=\dfrac{2+\sqrt{3}}{2-\sqrt{3}}$, $y=\dfrac{2-\sqrt{3}}{2+\sqrt{3}}$ のとき，次の式の値を求めよ。

(1) $x+y$, xy (2) x^2+y^2

(3) $x^4y^3+x^3y^4$ (4) x^3+y^3

6 1次不等式

基 本 例題 32 $a < b$ のとき，次の 2 数の大小関係を調べて，不等式で表せ。

(1) $a+2$, $b+2$ (2) $a-3$, $b-3$

(3) $4a$, $4b$ (4) $\dfrac{a}{5}$, $\dfrac{b}{5}$

(5) $-6a$, $-6b$ (6) $\dfrac{a}{-7}$, $\dfrac{b}{-7}$

TR (基本) **32** $a < b$ のとき，次の □ に不等号 $>$ または $<$ を入れ，正しい不等式にせよ。

(1) $a+3$ □ $b+3$

(2) $0.3a$ □ $0.3b$

(3) $-\dfrac{2}{5}a$ □ $-\dfrac{2}{5}b$

(4) $2a-3$ □ $2b-3$

(5) $6-a$ □ $6-b$

(6) $\dfrac{a+5}{3}$ □ $\dfrac{b+5}{3}$

標準 例題 33　$-2 < x < 5$，$-7 < y < 4$ のとき，次の式のとりうる値の範囲を求めよ。

(1)　$x + 3$

(2)　$2x$

(3)　$x + y$

(4)　$x - y$

TR (標準) 33　$2 < x < 5$，$-1 < y < 3$ のとき，次の式のとりうる値の範囲を求めよ。

(1)　$x - 5$

(2)　$3y$

(3) $x+y$

(4) $x-2y$

基本 例題 34

➡ 白チャートI+A $p.64$ STEP forward

次の不等式を解け。

(1) $4x+5>2x-3$

(2) $3(x-2)\geqq2(2x+1)$

(3) $\dfrac{1}{2}x>\dfrac{4}{5}x-3$

(4) $0.1x+0.06<0.02x+0.1$

TR (基本) **34**　次の不等式を解け。

(1)　$8x+13>5x-8$

(2)　$3(x-3)\geqq5(x+1)$

(3)　$\dfrac{4-x}{2}<7+2x$

(4)　$\dfrac{1}{2}(1-3x)\geqq\dfrac{2}{3}(x+7)-5$

(5)　$0.2x-7.1\leqq-0.5(x+3)$

基 本 例題 35

次の不等式を解け。

(1) $\begin{cases} 2x+3 < 3x+5 \\ 2(x+3) \leqq -x+9 \end{cases}$

(2) $-4x+1 < 7-3x < x-1$

TR (基本) **35** 次の不等式を解け。

(1) $\begin{cases} 4x-1 < 3x+5 \\ 5-3x < 1-x \end{cases}$

(2) $\begin{cases} 3x-5 < 1 \\ \dfrac{3x}{2} - \dfrac{x-4}{3} \leqq \dfrac{1}{6} \end{cases}$

(3) $\dfrac{2x+5}{4} < x+2 \leqq 17-2x$

44

標 準 例題 36 (1) 不等式 $1-\dfrac{n-1}{3}>\dfrac{n}{4}$ を満たす最大の自然数 n の値を求めよ。

(2) 連立不等式 $\begin{cases} 2(x+1)\geqq 5x-2 \\ -5x<-3x+4 \end{cases}$ を満たす整数 x の値をすべて求めよ。

TR (標準) **36** (1) 不等式 $\dfrac{n+1}{7}+n \leqq \dfrac{3(n-1)}{2}$ を満たす最小の自然数 n の値を求めよ。

(2) 連立不等式 $\begin{cases} 2x-1 < 3(x+1) \\ x-4 \leqq -2x+3 \end{cases}$ を満たす整数 x の値をすべて求めよ。

標 準 例題 37　1 個 160 円のりんごと 1 個 130 円のみかんを合わせて 20 個買い，これを 200 円のかごに入れ，代金の合計を 3000 円以下にしたい。りんごをできるだけ多く買うとすると，りんごは何個買えるか。ただし，消費税は考えない。

TR (標準) **37** ある学校で学校祭のパンフレットを作ることになった。印刷の費用は 100 枚までは 4000 円であるが，100 枚を超えた分については，1 枚につき 27 円かかるという。1 枚あたりの印刷の費用を 30 円以下にするためには，少なくとも何枚印刷すればよいか。ただし，消費税は考えない。

基 本 例題 38　次の方程式，不等式を解け。

(1)　$|x-3|=5$

(2)　$|x-3|<5$

(3)　$|x-3| \geqq 5$

TR (基本) **38** 次の方程式, 不等式を解け。

(1) $|2x-1|=7$

(2) $|2x+5|\leqq 2$

(3) $|3-x|>4$

標 準 例題 39 (1) $|2x-1|$ の絶対値記号をはずせ。

(2) 方程式 $|x-6|=2x$ を解け。

TR (標準) **39** (1) $|3x+1|$ の絶対値記号をはずせ。

(2) 方程式 $|x-1|=3x+2$ を解け。

⑦ 集　合

基本 例題47 (1) 24 の正の約数全体の集合を A とするとき，次の ☐ に適する記号 $\in$ または は $\notin$ を入れよ。

(ア) 6 ☐ A

(イ) 9 ☐ A

(ウ) -2 ☐ A

(2) 次の 2 つの集合 A, B の間に成り立つ関係を，記号 $\subset$, $=$ を用いて表せ。

(ア) $A=\{n \mid n$ は 5 以下の自然数$\}$, $B=\{0,\ 1,\ 2,\ 3,\ 4,\ 5\}$

(イ) $A=\{5n \mid n=1,\ 2\}$, $B=\{x \mid (x-5)(x-10)=0\}$

TR (基本) **47** (1) 3 の正の倍数のうち，20 以下のもの全体の集合を A とするとき，次の $\boxed{}$ に

適する記号 $\in$ または $\notin$ を入れよ。

(ア) 9 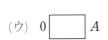 A

(イ) 14 $\boxed{}$ A

(ウ) 0 $\boxed{}$ A

(2) 次の 2 つの集合 A，B の間に成り立つ関係を，記号 $\subset$，$=$ を用いて表せ。

$A=\{n \mid n \text{ は 7 以下の素数}\}, \quad B=\{2n-1 \mid n=2,\ 3,\ 4\}$

基 本 例題 48 (1) 「1 のみを要素にもつ集合は集合 A の部分集合である」という事柄を，記号を用いて表したとき，最も適当なものを次の ① ～ ④ の中から 1 つ選べ。

① $1 \subset A$ ② $1 \subset \{A\}$ ③ $\{1\} \subset A$ ④ $\{1\} \in A$

(2) 集合 $A = \{x,\ y,\ z\}$ の部分集合をすべてあげよ。

TR (基本) 48 (1) A を有理数全体の集合とするとき，A ☐ $\{0\}$ である。☐ に適する記号を $\in$，$\ni$，$\subset$，$\supset$ の中から 1 つ選べ。

(2) 集合 $A = \{0,\ 1,\ 2,\ 3\}$ の部分集合をすべてあげよ。

基本 例題 49

➡ 白チャートI+A *p.* 86 STEP forward

(1) 10以下の自然数全体の集合を全体集合 U とし，U の部分集合 A，B を
$A = \{1,\ 2,\ 3,\ 4,\ 5\}$，$B = \{1,\ 3,\ 5,\ 7,\ 9\}$ とする。次の集合を求めよ。

(ア) $A \cap B$

(イ) $A \cup B$

(ウ) $\overline{A}$

(エ) $\overline{A} \cap B$

(2) 実数全体を全体集合とし，その部分集合 A，B を $A = \{x \mid -1 \leqq x \leqq 2,\ x$ は実数$\}$，
$B = \{x \mid 0 < x < 3,\ x$ は実数$\}$ とするとき，集合 $A \cap B$，$A \cup B$ をそれぞれ求めよ。

TR (基本) 49 (1) 10以下の正の整数全体の集合を全体集合 U とし，U の部分集合 A，B を
$A=\{1,\ 3,\ 6,\ 8,\ 10\}$，$B=\{2,\ 3,\ 6,\ 8,\ 9\}$ とするとき，次の集合を求めよ。
（ア）　$A\cap B$

（イ）　$A\cup B$

（ウ）　$\overline{A}$

（エ）　$A\cap\overline{B}$

(2)　実数全体を全体集合とし，その部分集合 A，B を $A=\{x\,|\,-1\leqq x\leqq 2,\ x$ は実数$\}$，
$B=\{x\,|\,0<x<3,\ x$ は実数$\}$ とするとき，集合 $\overline{A}$，$\overline{A}\cap B$ をそれぞれ求めよ。

基本 例題 50 全体集合 U の部分集合 A, B について

$$\overline{A \cap B} = \overline{A} \cup \overline{B}, \qquad \overline{A \cup B} = \overline{A} \cap \overline{B} \qquad (\text{ド・モルガンの法則})$$

が成り立つ。このことを，図を用いて確かめよ。

TR (基本) 50 全体集合 U の部分集合 A, B について，次の等式が成り立つことを，図を用いて確かめよ。

$$\overline{(\overline{A} \cap B)} = A \cup \overline{B}$$

標 準 例題 51　次の集合 A, B, C について，$A \cap B \cap C$ と $A \cup B \cup C$ を求めよ。

　$A = \{1,\ 3,\ 4,\ 5,\ 7\}$,　$B = \{1,\ 3,\ 5,\ 9\}$,　$C = \{2,\ 3,\ 5,\ 7\}$

TR (標準) 51　$A = \{n \mid n$ は 12 の正の約数$\}$, $B = \{n \mid n$ は 18 の正の約数$\}$,

$C = \{n \mid n$ は 7 以下の自然数$\}$ とするとき，次の集合を求めよ。

(1)　$A \cup B \cup C$

(2)　$A \cap B \cap C$

$\boxed{8}$ 命題と条件

基本 例題 52　次の命題の真偽を調べよ。ただし，a，b，c は実数とする。

(1)　$a=0$ ならば $ab=0$ である

(2)　$ac=bc$ ならば $a=b$ である

TR (基本) 52　次の命題の真偽を調べよ。ただし，x，y は実数，m，n は自然数とする。

(1)　$|x|=|y|$ ならば $x=y$ である

(2)　$x=2$　ならば　$x^2-5x+6=0$　である

(3)　m，n がともに素数　ならば　$m+n$ は偶数　である

(4)　n が 3 の倍数　ならば　n は 9 の倍数　である

基本 例題 53 x は実数，n は整数とする。集合を用いて，次の命題の真偽を調べよ。

(1) $x < -3 \Longrightarrow 2x + 4 \leqq 0$

(2) n は 18 の正の約数 $\Longrightarrow n$ は 24 の正の約数

TR (基本) 53 x は実数とする。集合を用いて，次の命題の真偽を調べよ。

(1) $-1 < x < 1 \Longrightarrow 2x - 2 < 0$

(2) $|x| > 2 \implies 3x + 1 \leqq 0$

基本 例題 54

解説動画

次の □ に適するものを，下の ①〜③ から選べ。ただし，x は実数とする。

① 必要十分条件である   ② 必要条件であるが，十分条件ではない

③ 十分条件であるが，必要条件ではない

(1) $p : x^2 - x = 0$ $q : x = 1$ とすると，p は q であるための □ 。

(2) 四角形について $p :$ ひし形である $q :$ 対角線が垂直に交わる

   とすると，p は q であるための □ 。

TR (基本) 54　x, y は実数とする。次の □ に適するものを，下の ①〜③ から選べ。

① 必要十分条件である　　　　　　　② 必要条件であるが，十分条件ではない

③ 十分条件であるが，必要条件ではない

(1)　$xy=1$ は，$x=1$ かつ $y=1$ であるための □ 。

(2)　$x>0$ かつ $y>0$ は，$xy>0$ であるための □ 。

(3)　$\triangle ABC$ で，$AB=BC=CA$ は $\angle A = \angle B = \angle C$ であるための □ 。

64

基本 例題 55

➡ 白チャートI+A *p.* 96 STEP forward

次の条件の否定を述べよ。ただし，x，yは実数，m，nは整数とする。

(1) x は無理数である

(2) $-2 \leqq x < 1$

(3) $x \leqq 0$ または $y > 0$

(4) x，y の少なくとも一方は 0 である

(5) m，n はともに偶数である

TR (基本) **55** 次の条件の否定を述べよ。ただし，x，y，m，n は実数とする。

(1) x は正の数である

(2) $x \neq 0$ または $y = 0$

(3) $0 \leq x < 1$

(4) x，y の少なくとも一方は無理数である

(5) m，n はともに正の数である

基 本 例題 56 n を整数とし，命題 A を「n は 4 の倍数 $\Longrightarrow$ n は 8 の倍数」で定める。

(1) 命題 A の逆・対偶を述べ，それらの真偽を調べよ。

(2) 命題 A の裏を述べよ。

TR (基本) 56 x, y は実数とする。次の命題の逆・対偶・裏を述べ，それらの真偽を調べよ。

(1) $x^2 \neq -x \Longrightarrow x \neq -1$

(2) $x + y$ は有理数 $\Longrightarrow$ x または y は有理数

9 命題と証明

基本 例題 57

m, n を整数とするとき，対偶を利用して，次の命題を証明せよ。

(1) n^2+4n+3 が 4 の倍数ならば，n は奇数である。

(2) mn が偶数ならば，m, n のうち少なくとも 1 つは偶数である。

TR (基本) **57** m, n を整数とするとき，対偶を利用して，次の命題を証明せよ。

(1) n^2 が 3 の倍数ならば，n は 3 の倍数である。

(2) mn が奇数ならば，m, n はともに奇数である。

基本 例題 58　$\sqrt{3}$ が無理数であることを用いて，$1+2\sqrt{3}$ は無理数であることを証明せよ。

TR (基本) **58** $\sqrt{6}$ が無理数であることを用いて，次の数が無理数であることを証明せよ。

(1) $1-\sqrt{24}$

(2) $\sqrt{2}+\sqrt{3}$

標 準 例題 59 $\sqrt{2}$ は無理数であることを，背理法を用いて証明せよ。ただし，整数 n について，n^2 が偶数ならば n は偶数であることを用いてよい。

TR (標準) **59** $\sqrt{3}$ は無理数であることを証明せよ。ただし，整数 n について，n^2 が 3 の倍数ならば n は 3 の倍数であることを用いてよい。

自己評価表　　A：よく理解できた　　B：少し理解できた　　C：あまり理解できなかった

問題番号	自己評価
例題 1	A B C
1	A B C
例題 2	A B C
2	A B C
例題 3	A B C
3	A B C
例題 4	A B C
4	A B C
例題 5	A B C
5	A B C
例題 6	A B C
6	A B C
例題 7	A B C
7	A B C
例題 8	A B C
8	A B C
例題 9	A B C
9	A B C
例題 10	A B C
10	A B C
例題 11	A B C
11	A B C
例題 12	A B C
12	A B C

問題番号	自己評価
例題 13	A B C
13	A B C
例題 14	A B C
14	A B C
例題 15	A B C
15	A B C
例題 16	A B C
16	A B C
例題 17	A B C
17	A B C
例題 18	A B C
18	A B C
例題 26	A B C
26	A B C
例題 27	A B C
27	A B C
例題 28	A B C
28	A B C
例題 29	A B C
29	A B C
例題 30	A B C
30	A B C

問題番号	自己評価
例題 31	A B C
31	A B C
例題 32	A B C
32	A B C
例題 33	A B C
33	A B C
例題 34	A B C
34	A B C
例題 35	A B C
35	A B C
例題 36	A B C
36	A B C
例題 37	A B C
37	A B C
例題 38	A B C
38	A B C
例題 39	A B C
39	A B C
例題 47	A B C
47	A B C
例題 48	A B C
48	A B C

問題番号	自己評価
例題 49	A B C
49	A B C
例題 50	A B C
50	A B C
例題 51	A B C
51	A B C
例題 52	A B C
52	A B C
例題 53	A B C
53	A B C
例題 54	A B C
54	A B C
例題 55	A B C
55	A B C
例題 56	A B C
56	A B C
例題 57	A B C
57	A B C
例題 58	A B C
58	A B C
例題 59	A B C
59	A B C

ISBN978-4-410-71905-9

C7037 ¥220E

チャきそ演基本標準例題ノートI
数と式，集合と命題
定価（本体220円＋税）

71905

数研出版
https://www.chart.co.jp

チャート式® 基礎と演習 数学I
基本・標準例題完成ノート

【2次関数, 図形と計量, データの分析】

[検印欄]

年　　　組　　　番

年　　　　　　組　　　　　　番

SUKEN NOTEBOOK

チャート式
基礎と演習　数学Ⅰ

基本・標準例題完成ノート
【2次関数, 図形と計量, データの分析】

本書は，数研出版発行の参考書「チャート式 基礎と演習　数学Ⅰ＋A」の
　　数学Ⅰの　第4章「2次関数」，第5章「2次方程式と2次不等式」，
　　　　第6章「三角比」，第7章「三角形への応用」，第8章「データの分析」
の基本例題，標準例題とそれに対応した TRAINING を掲載した，書き込み式ノートです。
　　本書を仕上げていくことで，自然に実力を身につけることができます。

211201

2

10 関数とグラフ

基本 例題 63 周囲の長さが 20 cm の長方形がある。この長方形の縦の長さを x cm とし，面積を y cm^2 とすると，y は x の関数である。次の問いに答えよ。

(1) y を x の式で表せ。また，この関数の定義域をいえ。

(2) この関数を $f(x)$ とするとき，$f(3)$，$f\left(\dfrac{1}{2}\right)$，$f(a+1)$ を求めよ。

TR (基本) 63 $f(x)=-2x+3$，$g(x)=2x^2-4x+3$ のとき，次の値を求めよ。

(1) $f(0)$，$f(3)$，$f(-2)$，$f(a-2)$

(2) $g(\sqrt{2})$，$g(-3)$，$g\left(\dfrac{1}{2}\right)$，$g(1-a)$

基本 例題 64 ➡️ 白チャート I＋A *p.* 114 STEP forward

次の関数の値域を求めよ。また，関数の最大値，最小値も求めよ。

(1) $y = -2x + 3$ $(-1 \leqq x \leqq 3)$

(2) $y = 2x^2$ $(-2 < x \leqq 1)$

TR (基本) **64** 次の関数の値域を求めよ。また，関数の最大値，最小値も求めよ。

(1) $y = -3x + 1$ $(-1 \leqq x \leqq 2)$

(2) $y = \dfrac{1}{2}x + 2 \quad (-2 < x \leqq 4)$

(3) $y = -2x^2 \quad (-1 < x < 1)$

標 準 例題 65 (1) 1次関数 $f(x) = ax + b$ について，$f(1) = 2$ かつ $f(3) = 8$ であるとき，定数 a, b の値を求めよ。

(2) 1 次関数 $y=ax+b$ $(-2 \leqq x \leqq 1)$ の値域が $-1 \leqq y \leqq 5$ となるように，定数 a, b の値を定めよ。ただし，$a<0$ とする。

TR (標準) **65** 次の条件を満たすように，定数 a, b の値を定めよ。

(1) 1 次関数 $y=ax+b$ のグラフが 2 点 $(-2,\ 2)$, $(4,\ -1)$ を通る。

(2) 1 次関数 $y=ax+b$ の定義域が $-3 \leqq x \leqq 1$ のとき，値域が $-1 \leqq y \leqq 3$ である。ただし，$a>0$ とする。

[11] 2次関数のグラフ

基本 例題 66 次の2次関数のグラフをかけ。また，その頂点と軸を求めよ。

(1) $y = 3(x+1)^2 - 2$

(2) $y = -\dfrac{1}{2}(x-1)^2 + 2$

TR (基本) 66 次の2次関数のグラフをかけ。また，その頂点と軸を求めよ。

(1) $y = -(x+1)^2$

(2) $y = 2(x-1)^2 + 1$

基本 例題 67　　　　　　　　　　　➡ 白チャート I+A *p.* 120 STEP forward

次の2次関数のグラフをかけ。また，その頂点と軸を求めよ。

(1) $y = 2x^2 - 4x - 1$

(2)　$y = -x^2 - 2x + 4$

(3)　$y = -x^2 + 4x - 3$

TR (基本) **67**　次の2次関数のグラフをかけ。また，その頂点と軸を求めよ。

(1)　$y = x^2 - 4x + 3$

(2)　$y = 2x^2 + 8x + 5$

8

(3) $y = -3x^2 + 6x - 2$

基 本 例題 68　次の 2 次関数のグラフをかけ。また，その頂点と軸を求めよ。

(1) $y = 2x^2 - 3x - 1$

(2) $y = -x^2 - x + 2$

TR (基本) 68　次の 2 次関数のグラフをかけ。また，その頂点と軸を求めよ。

(1)　$y = 5x^2 + 3x + 4$

(2)　$y = -x^2 + 3x - 1$

標準 例題 69　放物線 $y = x^2 + 4x + 5$ はどのように平行移動すると放物線 $y = x^2 - 6x + 8$ に重なるか。

10

TR (標準) **69**　放物線 $y=-x^2+2x$ を平行移動して，次の放物線に重ねるには，どのように平行移動すればよいか。

(1)　$y=-x^2+5x-4$

(2)　$y=-x^2-2x-3$

標 準 例題 70 放物線 $y=3x^2+6x+2$ を x 軸方向に 2，y 軸方向に -1 だけ平行移動したとき，移動後の放物線の方程式を $y=ax^2+bx+c$ の形で表せ。

TR (標準) 70 放物線 $y=2x^2-3x+2$ …… ① の頂点の座標を求めよ。また，放物線 ① を x 軸方向に 1，y 軸方向に -4 だけ平行移動したとき，移動後の放物線の方程式を $y=ax^2+bx+c$ の形で表せ。

12 2次関数の最大・最小

基本 例題71 次の2次関数に最大値，最小値があれば，それを求めよ。

(1) $y = x^2 - 6x + 3$

(2) $y = -2x^2 + 8x - 3$

TR (基本) 71 次の2次関数に最大値，最小値があれば，それを求めよ。

(1) $y = 2x^2 - 1$

(2) $y = -2(x+1)^2 + 5$

(3) $y = 2x^2 - 6x + 6$

(4) $y = -x^2 + 5x - 2$

基本 例題 72

関数 $y=x^2+2x-1$ の定義域として次の範囲をとるとき，各場合について，最大値，最小値があれば，それを求めよ。

(1) $-3 \leqq x \leqq 0$

(2) $-2 < x < 1$

(3) $0 \leqq x \leqq 2$

TR (基本) 72 次の関数に最大値，最小値があれば，それを求めよ。

(1) $y = x^2 - 2x - 3 \quad (-4 \leqq x \leqq 0)$

(2)　$y = 2x^2 - 4x - 6 \ \ (0 \leqq x \leqq 3)$

(3)　$y = -x^2 - 4x + 1 \ \ (0 \leqq x \leqq 2)$

(4)　$y = x^2 - 4x + 3 \ \ (0 < x < 3)$

標 準 例題 73 関数 $f(x)=x^2-10x+c$ $(3\leqq x\leqq 8)$ の最大値が 10 であるように，定数 c の値を定めよ。

TR (標準) 73 関数 $f(x)=-x^2+4x+c$ $(-4\leqq x\leqq 4)$ の最小値が -50 であるように，定数 c の値を定めよ。

標 準 例題 74　長さ 6 m の金網を直角に折り曲げて，右図の
ように，直角な壁の隅のところに囲いを作ることにした。囲いの
面積を最大にするには，金網をどのように折り曲げればよいか。

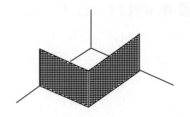

TR (標準) 74　直角を挟む 2 辺の長さの和が 16 である直角三角形の面積が最大になるのはどんな形の
ときか。また，その最大値を求めよ。

13 2次関数の決定

基本 例題 75

□ ▶ 解説動画

そのグラフが，次のような放物線となる2次関数を求めよ。

(1) 頂点が点 $(-1,\ 3)$ で，点 $(1,\ 7)$ を通る放物線

(2) 軸が直線 $x=1$ で，2点 $(3,\ -6)$，$(0,\ -3)$ を通る放物線

TR (基本) **75** そのグラフが，次のような放物線となる2次関数を求めよ。

(1) 頂点が点 $(2,\ -3)$ で，点 $(3,\ -1)$ を通る放物線

(2) 軸が直線 $x=4$ で，2点 $(2,\ 1)$，$(5,\ -2)$ を通る放物線

基本 例題 76 次の条件を満たす 2 次関数を求めよ。

(1) $x=2$ で最小値 1 をとり，$x=4$ のとき $y=9$ となる。

(2) $x=-1$ で最大となり，そのグラフが 2 点 $(1,\ 5)$, $(3,\ -7)$ を通る。

TR (基本) 76 次の条件を満たす 2 次関数を求めよ。

(1) $x=3$ で最大値 1 をとり，$x=5$ のとき $y=-1$ となる。

(2)　$x=-2$ で最小となり，そのグラフが 2 点 $(-1,\ 2)$，$(0,\ 11)$ を通る。

基本 例題 77　グラフが 3 点 $(1,\ 3)$, $(2,\ 5)$, $(3,\ 9)$ を通るような 2 次関数を求めよ。

TR (基本) **77** グラフが次の 3 点を通るような 2 次関数を求めよ。

(1) $(-1,\ 7),\ (0,\ -2),\ (1,\ -5)$

(2) $(-1,\ 0),\ (3,\ 0),\ (1,\ 8)$

14 2次方程式

基本 例題86 次の2次方程式を解け。

(1) $3x^2 + 7x = 0$

(2) $x^2 - x - 20 = 0$

(3) $x^2 - 12x + 36 = 0$

(4) $x^2 - 49 = 0$

(5) $2x^2 - 7x + 6 = 0$

TR (基本) **86**　次の 2 次方程式を解け。

(1)　$x^2 + 10x = 0$

(2)　$x^2 + x - 56 = 0$

(3)　$9x^2 + 6x + 1 = 0$

(4)　$4x^2 + 8x - 21 = 0$

(5)　$3x^2 + 5x - 2 = 0$

(6)　$6x^2 - 7x - 3 = 0$

基本 例題 87　次の 2 次方程式を解け。

(1)　$2x^2 + 5x - 1 = 0$

(2)　$x^2 - 6x + 3 = 0$

(3)　$\dfrac{1}{2}x^2 + \dfrac{2}{3}x - 1 = 0$

TR(基本)**87**　解の公式を用いて，次の 2 次方程式を解け。

(1)　$x^2 + x - 11 = 0$

(2)　$3x^2 - 5x + 1 = 0$

(3) $x^2 + 6x + 4 = 0$

(4) $3x^2 - 4x - 5 = 0$

(5) $9x^2 - 12x + 4 = 0$

(6) $x^2 + \dfrac{1}{4}x - \dfrac{1}{8} = 0$

基本 例題 88 (1) 2次方程式 $x^2 + 5x + 7 - m = 0$ が異なる 2 つの実数解をもつとき，定数 m の値の範囲を求めよ。

(2) 2次方程式 $x^2-4mx+m+3=0$ が重解をもつとき，定数 m の値とそのときの重解を求めよ。

TR (基本) **88** (1) 2次方程式 $x^2+3x+m-1=0$ が実数解をもたないとき，定数 m の値の範囲を求めよ。

(2) 2次方程式 $x^2-2mx+2(m+4)=0$ が重解をもつとき，定数 m の値とそのときの重解を求めよ。

15 　2次関数のグラフと x 軸の位置関係

基本 例題 89

➡ 白チャート I+A $p.$ 162 STEP forward

次の2次関数のグラフと x 軸の共有点の座標を求めよ。

(1) 　$y=x^2-6x-4$

(2) 　$y=-4x^2+4x-1$

TR (基本) **89** 　次の2次関数のグラフと x 軸の共有点の座標を求めよ。

(1) 　$y=x^2+7x-18$

(2) $y = 3x^2 + 8x + 2$

(3) $y = x^2 - 6x + 2$

(4) $y = -6x^2 - 5x + 6$

(5) $y = 9x^2 - 24x + 16$

基本 例題 90 次の 2 次関数のグラフと x 軸の共有点の個数を求めよ。

(1) $y = x^2 - x - 3$

(2) $y = 4x^2 + 12x + 9$

(3) $y = -x^2 + 2x - 3$

TR (基本) 90 次の 2 次関数のグラフと x 軸の共有点の個数を求めよ。

(1) $y = 3x^2 + x - 2$

(2) $y = -5x^2 + 3x - 1$

(3) $y = 2x^2 - 16x + 32$

基本 例題 91

2次関数 $y=x^2-2kx+k^2-k+3$ のグラフについて，次の問いに答えよ。

(1) x 軸と異なる2点で交わるとき，定数 k の値の範囲を求めよ。

(2) x 軸と接するとき，定数 k の値とそのときの接点の座標を求めよ。

TR (基本) **91** 2次関数 $y=x^2+2(k-1)x+k^2-3$ のグラフについて，次の問いに答えよ。

(1) x 軸と共有点をもたないとき，定数 k の値の範囲を求めよ。

(2) x 軸に接するとき，定数 k の値とそのときの接点の座標を求めよ。

標 準 例題 92 (1) 次の 2 次関数のグラフが x 軸から切り取る線分の長さを求めよ。

(ア) $y=-x^2+3x+1$

(イ) $y=x^2-2ax+a^2-4$ （a は定数)

(2) 放物線 $y=x^2-(k+2)x+2k$ が x 軸から切り取る線分の長さが 3 であるとき，定数 k の値を求めよ。

TR (標準) **92** (1) 次の 2 次関数のグラフが x 軸から切り取る線分の長さを求めよ。

(ア) $y=2x^2-8x-15$

(イ) $y=x^2-(2a+1)x+a(a+1)$ （a は定数）

(2) 放物線 $y=x^2+(2k-3)x-6k$ が x 軸から切り取る線分の長さが 5 であるとき，定数 k の値を求めよ。

16 2次不等式

基本 例題93 次の2次不等式を解け。

(1) $(x+1)(x-2)>0$

(2) $(x+1)(x-2)<0$

(3) $x^2-3x-10\leqq0$

TR (基本) 93 次の2次不等式を解け。

(1) $(x+2)(x+3)<0$

(2) $(2x+1)(3x-5)>0$

(3) $x^2 - 2x < 0$

(4) $x^2 + 6x + 8 \geqq 0$

(5) $x^2 > 9$

(6) $x^2 + x \leqq 6$

基本 例題 94

次の2次不等式を解け。

(1) $2x^2-5x+2<0$

(2) $-4x^2+4x+1\leqq0$

TR (基本) **94**　次の2次不等式を解け。

(1) $3x^2+10x-8>0$

(2) $6x^2 + x - 12 \leqq 0$

(3) $5x^2 + 6x - 1 \geqq 0$

(4) $2(x+2)(x-2) \leqq (x+1)^2$

(5) $-x^2 + 3x + 2 > 0$

基本 例題 95　次の 2 次不等式を解け。

(1)　$x^2 - 8x + 16 > 0$

(2)　$x^2 - 8x + 16 < 0$

(3)　$x^2 - 8x + 16 \geqq 0$

(4)　$x^2 - 8x + 16 \leqq 0$

TR (基本) **95** 次の 2 次不等式を解け。

(1) $x^2 + 2x + 1 > 0$

(2) $x^2 + 4x + 4 \geqq 0$

(3) $\dfrac{1}{4}x^2 - x + 1 < 0$

(4) $-9x^2 + 12x - 4 \geqq 0$

基本 **例題 96** 次の 2 次不等式を解け。

(1) $x^2+4x+6>0$

(2) $x^2+4x+6<0$

(3) $x^2+4x+6\geqq0$

(4) $x^2+4x+6\leqq0$

TR (基本) **96** 次の 2 次不等式を解け。

(1) $x^2 - 4x + 5 < 0$

(2) $2x^2 - 8x + 13 > 0$

(3) $3x^2 - 6x + 6 \leqq 0$

(4) $x^2 + 3 \geqq 0$

標準 例題 97

➡️ 白チャート I＋A *p.* 175 ズームUP−review−

2次方程式 $x^2 + 2mx - m + 2 = 0$ の解が次のようなとき，定数 m の値の範囲を求めよ。

(1) 異なる2つの実数解をもつ。

(2) 実数解をもつ。

(3) 実数解をもたない。

TR (標準) **97** 2次方程式 $x^2 + mx + 9 = 0$ の解が次のようなとき，定数 m の値の範囲を求めよ。

(1) 異なる2つの実数解をもつ。

(2) 実数解をもつ。

(3) 実数解をもたない。

標 準 例題 98 すべての実数 x について，次の 2 次不等式が成り立つような定数 m の値の範囲を求めよ。

(1) $x^2 + mx + 3m - 5 > 0$

(2) $mx^2 + 4x - 2 < 0$

TR (標準) **98**　次の 2 次不等式が，常に成り立つような定数 m の値の範囲を求めよ。

(1)　$x^2+2(m+1)x+2(m^2-1)>0$

(2)　$mx^2+3mx+m-1<0$

標 準 例題 99

➡ 白チャート I＋A $p.$ 179 ズームUP−review−

次の不等式を解け。

(1)　$\begin{cases} x^2+3x+2>0 \\ x^2+2x-3<0 \end{cases}$

(2) $2x-3 < x^2-4x \leqq 4x-7$

TR (標準) **99** 次の不等式を解け。

(1) $\begin{cases} x^2-2x-8 < 0 \\ x^2-x-2 > 0 \end{cases}$

(2) $\begin{cases} x^2+2x+1 > 0 \\ x^2-x-6 < 0 \end{cases}$

(3) $\begin{cases} 2x^2+5x \leqq 3 \\ 3(x^2-1) < 1-11x \end{cases}$

(4) $2-x < x^2 < x+3$

48

標準 例題 100　横の長さが縦の長さの 2 倍である長方形の薄い金属の板がある。この板の四すみから，1 辺の長さが 1 cm の正方形を切り取り，ふたのない直方体の箱を作る。箱の容積を 4 cm³ 以上 24 cm³ 以下にするには，縦の長さをどのような範囲にとればよいか。

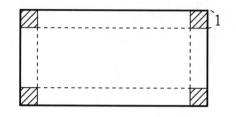

TR (標準) **100**　ある速さで真上に打ち上げたボールの，打ち上げてから x 秒後の地上からの高さを h m とする。h の値が $h = -5x^2 + 40x$ で与えられるとき，ボールが地上から 35 m 以上 65 m 以下の高さにあるのは，x の値がどのような範囲にあるときか。

17 三 角 比

基本 例題 111 右の図の直角三角形において，∠A＝α，∠B＝β とする。α，β の正弦，余弦，正接の値を，それぞれ求めよ。

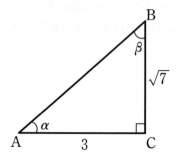

TR (基本) 111 右の図において，∠A＝α，∠B＝β とする。α，β の正弦，余弦，正接の値を求めよ。

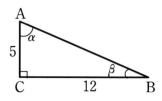

基本 例題 112　30°，45°，60° の正弦，余弦，正接の値を求めよ。

TR (基本) 112　右の図において，斜辺の長さをともに 1 とする。このとき，残りの辺の長さを求め，□ をうめよ。そして，30°，45°，60° の正弦，余弦，正接の値を確かめよ。

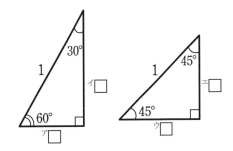

基本 例題 113 巻末の三角比の表を用いて

(1) $\cos\theta = \dfrac{2}{5}$ を満たす鋭角 θ のおよその大きさを求めよ。

(2) 下の図の x の値と角 θ のおよその大きさを求めよ。ただし，x の値は小数第 2 位を四捨五入せよ。

(ア)

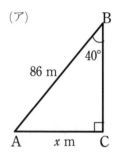

(イ)

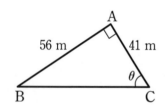

TR (基本) 113 巻末の三角比の表を用いて，次のものを求めよ。

(1) $\sin 15°$，$\cos 73°$，$\tan 25°$ の値

(2) $\sin\alpha = 0.4226$，$\cos\beta = 0.7314$，$\tan\gamma = 8.1443$ を満たす鋭角 α，β，γ

(3) 右の図の x の値と角 θ のおよその大きさ。ただし，x は小数第2位を四捨五入せよ。

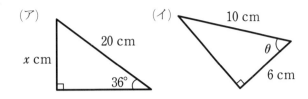

(ア)
20 cm
x cm
36°

(イ)
10 cm
θ
6 cm

標 準 例題 114 高さ 20 m の建物の屋上の端から，ある地点を見下ろすと，水平面とのなす角が 32° であった。その地点と建物の距離を求めよ。また，その地点と建物の屋上の端の距離を求めよ。ただし，小数第2位を四捨五入せよ。

TR (標準) 114 次の各問いに答えよ。ただし，小数第 2 位を四捨五入せよ。

(1) 木の根元から 5 m 離れた地点に立って木の先端を見上げると，水平面とのなす角が 55° であった。目の高さを 1.6 m として木の高さを求めよ。

(2) 水平面との傾きが 8° の下り坂の道を 80 m 進むと，水平方向に何 m 進んだことになるか。また，鉛直方向には何 m 下ったことになるか。

18 三角比の相互関係

基本 例題 115

(1) θ が鋭角で，$\sin\theta = \dfrac{3}{4}$ のとき，$\cos\theta$，$\tan\theta$ の値を求めよ。

(2) θ が鋭角で，$\tan\theta = 3$ のとき，$\cos\theta$，$\sin\theta$ の値を求めよ。

TR (基本) **115** θ は鋭角とする。$\sin\theta$, $\cos\theta$, $\tan\theta$ のうち，1 つが次の値のとき，他の 2 つの値を，それぞれ求めよ。

(1) $\sin\theta = \dfrac{4}{5}$

(2) $\cos\theta = \dfrac{5}{13}$

(3) $\tan\theta = \dfrac{1}{2}$

基本 例題 116 (1) $\sin 75°$, $\cos 63°$, $\tan 57°$ を $45°$ 以下の鋭角の三角比で表せ。

(2) $\tan 20° \tan 70°$ の値を求めよ。

TR (基本) **116** $\sin 70°$, $\cos 80°$, $\tan 55°$ を $45°$ 以下の鋭角の三角比で表せ。

19 三角比の拡張

基本 例題 117 次の角の正弦，余弦，正接の値を求めよ。

(1) 120°

(2) 135°

TR (基本) 117 右の図において，角 θ の正弦，余弦，正接の値を求めよ。

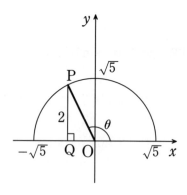

基 本 例題 118 (1) 三角比の表を用いて，110° の正弦，余弦，正接の値を求めよ。

(2) $\sin 10° = a$，$\cos 10° = b$ とする。次の $^{\text{ア}}\boxed{} \sim {}^{\text{エ}}\boxed{}$ に適するものを，a，$-a$，b，$-b$ の中から選べ。ただし，同じものを繰り返し選んでもよい。

$\sin 80° = {}^{\text{ア}}\boxed{}$，$\cos 80° = {}^{\text{イ}}\boxed{}$，$\sin 100° = {}^{\text{ウ}}\boxed{}$，$\cos 100° = {}^{\text{エ}}\boxed{}$

TR (基本) 118 (1) 三角比の表を用いて，128° の正弦，余弦，正接の値を求めよ。

(2) $\sin 27° = a$ とする。117° の余弦を a を用いて表せ。

基本 例題 119

$0° \leqq \theta \leqq 180°$ とする。次の等式を満たす θ を求めよ。

(1) $\sin\theta = \dfrac{\sqrt{3}}{2}$

(2) $\cos\theta = -\dfrac{1}{\sqrt{2}}$

(3) $\tan\theta = -\dfrac{1}{\sqrt{3}}$

TR (基本) **119**　$0° \leqq \theta \leqq 180°$ のとき，次の等式を満たす θ を求めよ。

(1)　$\sin \theta = \dfrac{1}{2}$

(2)　$\cos \theta = \dfrac{1}{\sqrt{2}}$

(3)　$\tan \theta = -\sqrt{3}$

標 準 例題 120　$0° \leqq \theta \leqq 180°$ とする。$\sin\theta = \dfrac{1}{3}$ のとき，$\cos\theta$，$\tan\theta$ の値を求めよ。

TR (標準) 120　(1)　$0° \leqq \theta \leqq 180°$，$\cos\theta = -\dfrac{3}{4}$ のとき，$\sin\theta$，$\tan\theta$ の値を求めよ。

(2)　$0° \leqq \theta \leqq 180°$，$\tan\theta = -\dfrac{12}{5}$ のとき，$\sin\theta$，$\cos\theta$ の値を求めよ。

20 正弦定理・余弦定理とその応用

基本 例題 126　➡ 白チャート I＋A *p.* 224 STEP forward　□　

△ABC において，外接円の半径を R とする。次のものを求めよ。

(1)　$b=10$，$A=105°$，$C=30°$ のとき　B，c，R

(2)　$b=\sqrt{6}$，$R=\sqrt{2}$ のとき　B

64

TR (基本) **126**　△ABC において，外接円の半径を R とする。次のものを求めよ。

(1)　$a=10$，$A=30°$，$B=45°$ のとき　C，b，R

(2)　$b=3$，$B=60°$，$C=75°$ のとき　A，a，R

(3)　$c=2$,　$R=\sqrt{2}$　のとき　C

基本 例題 127

(1)　$\triangle ABC$ において，$a=2\sqrt{2}$，$b=3$，$C=135°$ のとき c を求めよ。

(2)　$\triangle ABC$ において，$a=13$，$b=7$，$c=15$ のとき A を求めよ。

(3)　$\triangle ABC$ において，$a=7$，$c=8$，$A=60°$ のとき b を求めよ。

TR (基本) **127**　△ABC において，次のものを求めよ。

(1)　$c=4$, $a=6$, $B=60°$ のとき　b

(2)　$a=3$, $b=\sqrt{2}$, $c=\sqrt{17}$ のとき　C

(3)　$b=2$, $c=\sqrt{6}$, $C=60°$ のとき　a

標 準 例題 128 △ABC において，$b=2\sqrt{6}$，$c=3\sqrt{2}+\sqrt{6}$，$A=60°$ のとき，残りの辺の長さと角の大きさを求めよ。

TR (標準) 128 △ABC において，$a=\sqrt{6}+\sqrt{2}$，$b=2$，$C=45°$ のとき，残りの辺の長さと角の大きさを求めよ。

標 準 例題 129　△ABC において，$a=1$，$b=\sqrt{3}$，$A=30°$ のとき，残りの辺の長さと角の大きさを求めよ。

TR (標準) 129　△ABC において，$b=2$，$c=\sqrt{6}$，$B=45°$ のとき，残りの辺の長さと角の大きさを求めよ。ただし，$\sin 15°=\dfrac{\sqrt{6}-\sqrt{2}}{4}$，$\sin 75°=\dfrac{\sqrt{6}+\sqrt{2}}{4}$ であることを用いてもよい。

標準 例題 130 (1)　△ABC の 3 辺の長さが次のようなとき，角 A は鋭角，直角，鈍角のいずれであるか。

(ア)　$a=11$, $b=9$, $c=5$

(イ)　$a=7$, $b=2\sqrt{6}$, $c=5$

(2)　$a=13$, $b=9$, $c=10$ である △ABC は，鋭角三角形，直角三角形，鈍角三角形のいずれであるか。

TR (標準) 130 (1)　△ABC の 3 辺の長さが次のようなとき，角 A は鋭角，直角，鈍角のいずれであるか。

(ア)　$a=5$, $b=4$, $c=3\sqrt{2}$

(イ) $a=17$, $b=10$, $c=5\sqrt{6}$

(2) $a=10$, $b=6$, $c=7$ である $\triangle ABC$ は，鋭角三角形，直角三角形，鈍角三角形のいずれであるか。

標 準 例題 131 $\triangle ABC$ について，$\dfrac{\sin A}{4}=\dfrac{\sin B}{5}=\dfrac{\sin C}{6}$ が成り立つとき，$\cos C$ の値を求めよ。

TR (標準) 131　△ABC において，$\dfrac{\sin A}{\sqrt{3}} = \dfrac{\sin B}{\sqrt{7}} = \sin C$ が成り立つとき，最も大きい内角の大きさを求めよ。

標 準 例題 132

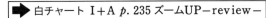

➡ 白チャート I+A *p.*235 ズームUP−review−

円 O に内接する四角形 ABCD は，AB＝2，BC＝3，CD＝1，∠ABC＝60° を満たすとする。このとき，次のものを求めよ。

(1)　線分 AC の長さ

(2)　辺 AD の長さ

(3)　円 O の半径 R

TR (標準) **132** 四角形 ABCD は，円 O に内接し，AB=3，BC=CD=$\sqrt{3}$，$\cos\angle ABC=\dfrac{\sqrt{3}}{6}$

とする。このとき，次のものを求めよ。

(1) 線分 AC の長さ

(2) 辺 AD の長さ

(3) 円 O の半径 R

基本 例題 133 2地点 A，B から用水路を隔てた対岸の2地点 C，D を観測したところ，右の地図のようになった。なお，4地点 A，B，C，D は同じ高さにあるものとする。

(1) BD および BC の長さ (m) を求めよ。ただし，答えに根号がついたままでよい。

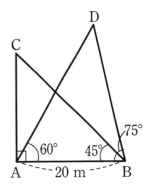

(2) CD の長さ (m) を求めよ。ただし，答えに根号がついたままでよい。

TR (基本) 133 右の地図において，4点 A, B, P, Q は同一水平面上にあるものとする。

(1) A, P 間の距離を求めよ。ただし，答えは根号がついたままでよい。

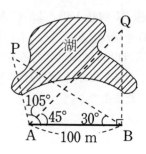

(2) P, Q 間の距離を求めよ。ただし，答えは根号がついたままでよい。

21 三角形の面積，空間図形への応用

基本 例題 134 次のような $\triangle ABC$ の面積 S を求めよ。

(1) $b=4$, $c=5$, $A=60°$

(2) $a=\sqrt{3}$, $b=2$, $C=150°$

(3) $a=8$, $b=7$, $c=5$

TR (基本) 134 次のような $\triangle ABC$ の面積 S を求めよ。

(1) $b=12$, $c=15$, $A=30°$

(2)　$c=4$, $a=2\sqrt{2}$, $B=135°$

(3)　$a=3$, $b=3$, $C=60°$

(4)　$a=4$, $b=3$, $c=2$

標 準 例題 135　次の図形の面積を求めよ。

(1)　$AB=2$, $BC=3$, $\angle ABC=60°$ である平行四辺形 ABCD

(2) 半径が 10 の円に内接する正八角形

TR (標準) **135** 次の図形の面積 S を求めよ。

(1) OA＝4，OB＝6，∠AOB＝60° である平行四辺形 ABCD

ただし，点 O は平行四辺形 ABCD の対角線の交点とする。

(2) 半径が 6 の円に内接する正十二角形

標準 例題 136 △ABC において，$a=7$，$b=4$，$c=5$ であるとき，次のものを求めよ。

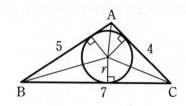

(1) $\cos A$

(2) △ABC の面積 S

(3) △ABC の内接円の半径 r

TR (標準) **136** △ABC において，$a=8$，$b=3$，$c=7$ のとき，次のものを求めよ。

(1) $\cos A$ の値

(2) △ABC の面積 S

(3) △ABC の内接円の半径 r

標準 例題 137 △ABC の ∠A の二等分線が辺 BC と交わる点を D とする。

次の (1), (2) それぞれについて，指示に従って線分 AD の長さを求めよ。

(1) △ABC において，∠A＝120°，AB＝3，AC＝1 であるとき，三角形の面積について，
　△ABC＝△ABD＋△ADC であることを利用する。

(2) △ABC において，$a=6$，$b=4$，$c=5$ であるとき，角の二等分線の性質 BD：DC＝AB：AC
　を利用する。

TR (標準) **137**　△ABC の ∠A の二等分線が辺 BC と交わる点を D とする。

次の (1)，(2) それぞれについて，指示に従って線分 AD の長さを求めよ。

(1)　△ABC において，∠A＝60°，AB＝2，AC＝1＋$\sqrt{3}$ であるとき，三角形の面積について，
　△ABC＝△ABD＋△ADC であることを利用する。

(2)　△ABC において，a＝6，b＝5，c＝7 であるとき，角の二等分線の性質 BD : DC＝AB : AC
　を利用する。

標 準 例題 138 1 km 離れた海上の 2 地点 A，B から，同じ山頂 C を見たところ，A の東の方向，見上げた角が 30°，B の北東の方向，見上げた角が 45° の位置に見えた。この山の高さ CD を求めよ。ただし，地点 D は C の真下にあり，3 点 A，B，D は同じ水平面上にあるものとする。また，$\sqrt{6}=2.45$ とする。

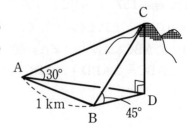

TR (標準) 138 同一水平面上に 3 地点 A，B，C があって，C には塔 PC が立っている。
AB＝80 m で，∠PAC＝30°，∠PAB＝75°，∠PBA＝60° であった。塔の高さ PC を求めよ。
ただし，答えは根号がついたままでよい。

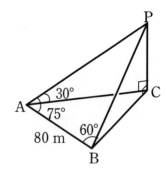

標 準 例題 139 1辺の長さが 4 である正四面体 ABCD において，辺 CD の中点を M とし，∠AMB ＝ θ とするとき

(1) $\cos\theta$ の値を求めよ。

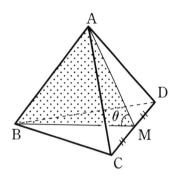

(2) △ABM の面積を求めよ。

TR (標準) 139 1辺の長さが 3 である正四面体 ABCD において，辺 BC 上に点 E を BE ＝ 2，EC ＝ 1 となるようにとる。

(1) 線分 AE の長さを求めよ。

(2) ∠AED ＝ θ とおくとき，$\cos\theta$ の値を求めよ。

(3) △AED の面積を求めよ。

標 準 例題 140 1辺の長さが 3 の正四面体 ABCD において，頂点 A から底面 BCD に垂線 AH を下ろす。線分 AH の長さおよび正四面体 ABCD の体積 V を求めよ。

TR (標準) **140** ∠BAC＝60°，AB＝8，CA＝5，OA＝OB＝OC＝7 の四面体 OABC について，次のものを求めよ。

(1) 頂点 O から底面の △ABC に下ろした垂線 OH の長さ

(2) 四面体 OABC の体積 V

22 データの整理，データの代表値

基本 例題 144 次のデータは，ある地域における商品 A の 30 日間の売り上げ数である。

```
41  53  64  47  44  31  46  53  65  54  42  50  56  66  71
39  46  55  34  56  23  54  76  62  37  58  68  48  53  56  (個)
```

(1) 20 個以上 30 個未満を階級の 1 つとして，どの階級の幅も 10 個である度数分布表を作れ。

(2) (1) の度数分布表をもとにして，ヒストグラムをかけ。

(3) 30 日間のうち，売り上げが 50 個以下の日は何日あるか。

TR (基本) **144** 次のデータは，ある高校のクラス 30 人の名字の画数を調べたものである。

| 18 | 9 | 19 | 15 | 10 | 15 | 8 | 17 | 11 | 21 | 9 | 26 | 23 | 13 | 31 |
| 14 | 9 | 27 | 10 | 11 | 9 | 17 | 18 | 19 | 11 | 6 | 12 | 15 | 18 | 11 | (画) |

(1) 5 画以上 10 画未満を階級の 1 つとして，どの階級の幅も 5 画である度数分布表を作れ。

(2) (1) の度数分布表をもとにして，ヒストグラムをかけ。

(3) 名字の画数が 20 画以下の生徒は何人いるか。

基本 例題 145

解説動画

(1) 次のデータの平均値を求めよ。

　　 10, 4, 7, 6, 3, 12, 6, 3, 0, 2, 6, 7

(2) 5 人の生徒に英語の試験を実施したところ，5 人の得点は

　　　　 58, 65, 72, x, 76 (点)

　であった。この 5 人の得点の平均が 71 (点) のとき，x の値を求めよ。

TR (基本) 145 　(1) 次のデータの平均値を求めよ。

　　　 6, 8, 22, 18, 2, 6, 11, 0,

　　　 17, 7, 2, 14, 8, 11, 4, 8

(2) 7 個の値 1, 5, 8, 12, 17, 25, a からなるデータの平均値が 12 であるとき，a の値を求めよ。

基本 例題 146 (1) 40 人の生徒が 10 点満点のテストを受けたところ，その結果は次の通りであった。

得点 (点)	0	1	2	3	4	5	6	7	8	9	10
人数 (人)	0	0	4	6	0	6	14	4	3	2	1

このデータの最頻値を求めよ。

(2) 右の表は，ある高校のクラス 40 人について通学時間を調査した結果の度数分布表である。このデータの最頻値を求めよ。

階級 (分)	度数
0 以上 20 未満	5
20 ～ 40	16
40 ～ 60	11
60 ～ 80	7
80 ～ 100	1
計	40

TR (基本) 146 右の表は，A 市の 1 日の平均気温を 1 か月間測定した結果の度数分布表である。このデータの最頻値を求めよ。

階級 (℃)	度数
14 以上 16 未満	2
16 ～ 18	6
18 ～ 20	16
20 ～ 22	5
22 ～ 24	2
計	31

基本 例題 147　次のデータ ① は，生徒 9 人の身長を調べた結果である。

　　　①：172, 155, 187, 169, 163, 150, 167, 159, 177　(cm)

(1)　データ ① の中央値を求めよ。

(2)　データ ① に身長 160 cm の生徒 1 人分の値が加わったデータを ② とするとき，データ ② の中央値を求めよ。

TR (基本) 147　次のデータ ① は，生徒 7 人のある日曜日の睡眠時間である。

　　　①：410, 360, 440, 420, 390, 450, 400　(分)

(1)　データ ① の中央値を求めよ。

(2)　データ ① に，右の 3 人分の睡眠時間の値を加えたデータを ② とするとき，データ ② の中央値を求めよ。　　　　420, 360, 430　(分)

23 データの散らばりと四分位数

基本 例題 148 次のデータは，A，Bの2人の，ある定期テストにおける各科目の得点である。

A : 67, 52, 89, 72, 96, 45, 58, 42, 83 （点）

B : 81, 98, 55, 75, 60, 82, 70, 66, 72 （点）

(1) Aのデータの第1四分位数，第2四分位数，第3四分位数を求めよ。

(2) Aのデータの四分位範囲と四分位偏差を求めよ。

(3) AのデータとBのデータでは，どちらの方がデータの散らばりの度合いが大きいか。四分位範囲を利用して判断せよ。

TR (基本) 148　次のデータは，A 市と B 市における，ある 10 日間の降雪量である。

　　　　A 市　3, 10, 8, 25, 7, 2, 12, 35, 5, 18　(cm)
　　　　B 市　5, 20, 16, 34, 10, 3, 12, 52, 6, 23　(cm)

(1)　A 市のデータの第 1 四分位数，第 2 四分位数，第 3 四分位数を求めよ。

(2)　A 市のデータの四分位範囲と四分位偏差を求めよ。

(3)　A 市のデータと B 市のデータでは，どちらの方がデータの散らばりの度合いが大きいか。四分位範囲を利用して判断せよ。

基本 例題 149 次の (1) 〜 (3) のヒストグラムに対応している箱ひげ図を，① 〜 ③ から 1 つずつ選べ。ただし，ヒストグラムで，階級は 0 以上 5 未満，5 以上 10 未満，…… のようにとっている。

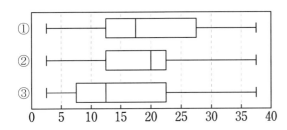

(1)

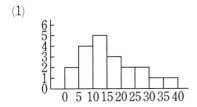

(2)

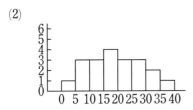

(3)

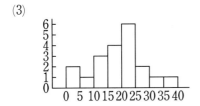

TR (基本) 149 右のヒストグラムに対応する箱ひげ図を，下の ① 〜 ③ から選べ。

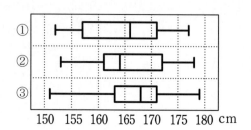

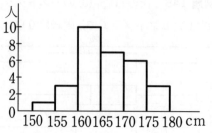

(ヒストグラムで，階級は 150 cm 以上 155 cm 未満，155 cm 以上 160 cm 未満，…… のようにとっている。)

基本 例題 150

➡ 白チャート I＋A *p*. 265 ズームUP−review−

右の図は，30 人の生徒についての，テスト A とテスト B の得点のデータの箱ひげ図である。この箱ひげ図から読みとれることとして正しいものを，次の ① 〜 ③ からすべて選べ。

① テスト A の方が，テスト B よりも得点の四分位範囲が大きい。

② テスト A では，60 点以上の生徒が 15 人以上いる。

③ テスト A，B ともに 30 点台の生徒がいる。

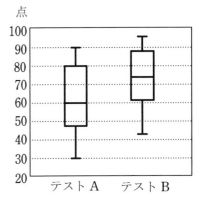

TR (基本) **150** 右の図は，ある商店における，商品 A と商品 B の 30 日間にわたる販売数のデータの箱ひげ図である。この箱ひげ図から読みとれることとして正しいものを，次の ①〜③ からすべて選べ。

① 商品 A の販売数の第 3 四分位数は，商品 B の販売数の中央値よりも小さい。

② 30 日間すべてにおいて，商品 A は 5 個以上，商品 B は 15 個以上売れた。

③ 商品 A，B ともに，20 個以上売れた日が 7 日以上ある。

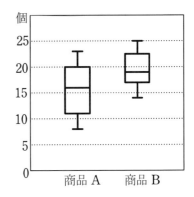

24 分散と標準偏差, データの相関

基本 例題 151 ある TV 番組で, 6 人のゲスト出演者に YES か NO かで答える 10 個の質問に答えてもらったところ, 各人の YES と答えた回数 x は次のようになった。

$$3, \ 7, \ 9, \ 6, \ 4, \ 7 \quad \text{(個)}$$

(1) このデータの分散を求めよ。

(2) このデータの標準偏差を求めよ。

TR (基本) 151 海外の 8 つの都市について, 成田空港からのおよその飛行時間 x を調べたところ, 次のようなデータが得られた。

$$7, \ 5, \ 7, \ 6, \ 8, \ 7, \ 10, \ 6 \quad \text{(時間)}$$

このデータの分散と標準偏差を求めよ。ただし, 必要ならば小数第 2 位を四捨五入せよ。

基本 例題 152

(1) 変量 x のデータの値が x_1, x_2, x_3 のとき，その平均値を $\overline{x}$ とする。分散 s^2 を

$\dfrac{1}{3}\{(x_1-\overline{x})^2+(x_2-\overline{x})^2+(x_3-\overline{x})^2\}$ で定義するとき，$s^2=\overline{x^2}-(\overline{x})^2$ となることを示せ。ただし $\overline{x^2}$

は $x_1{}^2$, $x_2{}^2$, $x_3{}^2$ の平均値を表す。

(2) (1) で示した $s^2=\overline{x^2}-(\overline{x})^2$ は，変量 x のデータの値が x_1, x_2, x_3, ……, x_n のときにも成り立つ。そのことを利用して，6個の値 2, 4, 5, 6, 8, 9 からなるデータの分散を求めよ。ただし，小数第2位を四捨五入せよ。

TR (基本) 152 変量 x のデータの値が x_1, x_2, x_3, ……, x_n のとき，その平均値を $\overline{x}$，分散を s^2 とし，$\overline{x^2}$ は $x_1{}^2$, $x_2{}^2$, $x_3{}^2$, ……, $x_n{}^2$ の平均値を表すとすると，分散の公式 $s^2=\overline{x^2}-(\overline{x})^2$ が成り立つ。この公式を利用して，6個の値 10, 7, 8, 0, 4, 2 からなるデータの分散を求めよ。ただし，小数第2位を四捨五入せよ。

基 本 例題 153　下の表は，2つの変量 x，yについてのデータである。これらについて，散布図をかき，xとyの間に相関があるかどうかを調べよ。また，相関がある場合には，正・負のどちらの相関であるかをいえ。

(1)

x	31	62	39	29	47	39	25	50	50	53
y	49	86	63	59	68	53	43	72	66	79

(2)

x	19	35	26	15	34	44	24	53	39	25
y	79	60	75	50	38	61	62	75	43	37

TR (基本) 153 下の表は，10 種類のパンに関する，定価と売上個数のデータである。

種類	①	②	③	④	⑤	⑥	⑦	⑧	⑨	⑩
定価(円)	120	100	110	130	105	120	100	110	130	105
売上個数(個)	45	65	48	25	32	30	53	40	35	60

これらについて，散布図をかき，定価と売上個数に相関があるかどうかを調べよ。
また，相関がある場合には，正・負のどちらの相関であるかをいえ。

基本 例題 154 (1) 2つの変量 x, y について，x の標準偏差が 7，y の標準偏差が 6，x と y の共分散が -10.5 であるとき，x と y の相関係数を求めよ。

(2) 下の表は，8人の生徒に 10 点満点のテスト A，B を行った結果である。A，B の得点の相関係数を求めよ。必要ならば小数第3位を四捨五入せよ。

生徒の番号	①	②	③	④	⑤	⑥	⑦	⑧
テストA	6	5	8	5	2	3	4	7
テストB	8	5	10	6	7	4	7	9

TR (基本) 154 (1) 2つの変量 x, y について，x の標準偏差が 1.2，y の標準偏差が 2.5，x と y の共分散が 1.08 であるとき，x と y の相関係数を求めよ。

(2) 下の表は，10人の生徒に10点満点のテストA，Bを行った結果である。A，Bの得点の相関係数を求めよ。必要ならば小数第3位を四捨五入せよ。

生徒の番号	①	②	③	④	⑤	⑥	⑦	⑧	⑨	⑩
テストA	8	9	6	2	10	3	8	4	1	9
テストB	2	2	5	5	2	5	4	4	7	4

25 仮説検定の考え方

基本 例題 155 ある会社では，既に販売しているボールペン A を改良したボールペン B を開発した。書きやすさを評価してもらうために，無作為に選んだ 20 人に，A と B のどちらが書きやすいかのアンケートを行った結果，15 人が B と回答した。このアンケート結果から，B の方が書きやすいと消費者から評価されていると判断してよいか。基準となる確率を 0.05 とし，次のコイン投げの実験の結果を利用して考察せよ。

実験　公正な 1 枚のコインを投げる。そして，コイン投げを 20 回行うことを 1 セットとし，1 セットで表の出た枚数を記録する。

この実験を 200 セット繰り返したところ，次の表のような結果となった。

表の枚数	5	6	7	8	9	10	11	12	13	14	15	16	計
度数	4	10	15	19	27	33	29	26	21	12	3	1	200

TR (基本) 155　ある会社では，既に販売しているボールペン A を改良したボールペン B を開発した。書きやすさを評価してもらうために，無作為に選んだ 20 人に，A と B のどちらが書きやすいかのアンケートを行った結果，12 人が B と回答した。このアンケート結果から，B の方が書きやすいと消費者から評価されていると判断してよいか。基準となる確率を 0.05 とし，次のコイン投げの実験の結果を利用して考察せよ。

実験　公正な 1 枚のコインを投げる。そして，コイン投げを 20 回行うことを 1 セットとし，1 セットで表の出た枚数を記録する。

この実験を 200 セット繰り返したところ，次の表のような結果となった。

表の枚数	5	6	7	8	9	10	11	12	13	14	15	16	計
度数	4	10	15	19	27	33	29	26	21	12	3	1	200

三 角 比 の 表

θ	$\sin\theta$	$\cos\theta$	$\tan\theta$	θ	$\sin\theta$	$\cos\theta$	$\tan\theta$
0°	0.0000	1.0000	0.0000	45°	0.7071	0.7071	1.0000
1°	0.0175	0.9998	0.0175	46°	0.7193	0.6947	1.0355
2°	0.0349	0.9994	0.0349	47°	0.7314	0.6820	1.0724
3°	0.0523	0.9986	0.0524	48°	0.7431	0.6691	1.1106
4°	0.0698	0.9976	0.0699	49°	0.7547	0.6561	1.1504
5°	0.0872	0.9962	0.0875	50°	0.7660	0.6428	1.1918
6°	0.1045	0.9945	0.1051	51°	0.7771	0.6293	1.2349
7°	0.1219	0.9925	0.1228	52°	0.7880	0.6157	1.2799
8°	0.1392	0.9903	0.1405	53°	0.7986	0.6018	1.3270
9°	0.1564	0.9877	0.1584	54°	0.8090	0.5878	1.3764
10°	0.1736	0.9848	0.1763	55°	0.8192	0.5736	1.4281
11°	0.1908	0.9816	0.1944	56°	0.8290	0.5592	1.4826
12°	0.2079	0.9781	0.2126	57°	0.8387	0.5446	1.5399
13°	0.2250	0.9744	0.2309	58°	0.8480	0.5299	1.6003
14°	0.2419	0.9703	0.2493	59°	0.8572	0.5150	1.6643
15°	0.2588	0.9659	0.2679	60°	0.8660	0.5000	1.7321
16°	0.2756	0.9613	0.2867	61°	0.8746	0.4848	1.8040
17°	0.2924	0.9563	0.3057	62°	0.8829	0.4695	1.8807
18°	0.3090	0.9511	0.3249	63°	0.8910	0.4540	1.9626
19°	0.3256	0.9455	0.3443	64°	0.8988	0.4384	2.0503
20°	0.3420	0.9397	0.3640	65°	0.9063	0.4226	2.1445
21°	0.3584	0.9336	0.3839	66°	0.9135	0.4067	2.2460
22°	0.3746	0.9272	0.4040	67°	0.9205	0.3907	2.3559
23°	0.3907	0.9205	0.4245	68°	0.9272	0.3746	2.4751
24°	0.4067	0.9135	0.4452	69°	0.9336	0.3584	2.6051
25°	0.4226	0.9063	0.4663	70°	0.9397	0.3420	2.7475
26°	0.4384	0.8988	0.4877	71°	0.9455	0.3256	2.9042
27°	0.4540	0.8910	0.5095	72°	0.9511	0.3090	3.0777
28°	0.4695	0.8829	0.5317	73°	0.9563	0.2924	3.2709
29°	0.4848	0.8746	0.5543	74°	0.9613	0.2756	3.4874
30°	0.5000	0.8660	0.5774	75°	0.9659	0.2588	3.7321
31°	0.5150	0.8572	0.6009	76°	0.9703	0.2419	4.0108
32°	0.5299	0.8480	0.6249	77°	0.9744	0.2250	4.3315
33°	0.5446	0.8387	0.6494	78°	0.9781	0.2079	4.7046
34°	0.5592	0.8290	0.6745	79°	0.9816	0.1908	5.1446
35°	0.5736	0.8192	0.7002	80°	0.9848	0.1736	5.6713
36°	0.5878	0.8090	0.7265	81°	0.9877	0.1564	6.3138
37°	0.6018	0.7986	0.7536	82°	0.9903	0.1392	7.1154
38°	0.6157	0.7880	0.7813	83°	0.9925	0.1219	8.1443
39°	0.6293	0.7771	0.8098	84°	0.9945	0.1045	9.5144
40°	0.6428	0.7660	0.8391	85°	0.9962	0.0872	11.4301
41°	0.6561	0.7547	0.8693	86°	0.9976	0.0698	14.3007
42°	0.6691	0.7431	0.9004	87°	0.9986	0.0523	19.0811
43°	0.6820	0.7314	0.9325	88°	0.9994	0.0349	28.6363
44°	0.6947	0.7193	0.9657	89°	0.9998	0.0175	57.2900
45°	0.7071	0.7071	1.0000	90°	1.0000	0.0000	な し